# DICTIONNAIRE

DES

# SCIENCES NATURELLES.

---

## PLANCHES.

ZOOLOGIE:

CONCHYLIOLOGIE ET MALACOLOGIE.

STRASBOURG, DE L'IMPR. DE F. G. LEVRAULT.

# DICTIONNAIRE
## DES
# SCIENCES NATURELLES.

## *Planches.*

2.^e PARTIE : RÈGNE ORGANISÉ.

## *Zoologie.*

## CONCHYLIOLOGIE ET MALACOLOGIE,

PAR

M. DUCROTAY DE BLAINVILLE,

Membre de l'Académie royale des sciences de l'Institut ; Professeur au Jardin du Roi ; Professeur d'anatomie, de physiologie comparées et de zoologie à la Faculté des sciences de Paris, etc.

PARIS,

F. G. LEVRAULT, LIBRAIRE-ÉDITEUR, rue de la Harpe, n.° 81,
Même maison, rue des Juifs, n.° 33, à STRASBOURG.

1816 — 1830.

# TABLE DES PLANCHES

DU

# DICTIONNAIRE DES SCIENCES NATURELLES.

## ZOOLOGIE.

### CONCHYLIOLOGIE ET MALACOLOGIE.

| N.° d'ordre. | FAMILLES. | GENRES ET ESPÈCES. | RENVOI AU TEXTE. Tome. | Page. | N.° du cahier. |
|---|---|---|---|---|---|
| 1 2 3 4 | ............... | Planches de principes.... | — | — | 43 |
| 5 | CRYPTODIBRANCHES | Poulpe de l'argonaute (sous le nom de *P. tuberculé*). | 32<br>43 | 173<br>196 | 7 |
| | | Sèche tuberculeuse....... | 32<br>48 | 175<br>285 | |
| | | Calmar flèche ........... | 32<br>48 | 174<br>257 | |
| 6 | *Idem* .......... | Poulpe des anciens....... | 32<br>43 | 173<br>192 | 48 |
| | | 〃 de Cranch ....... | 32<br>43 | 173<br>195 | |
| 7 | *Idem* .......... | 〃 navigat. des anciens | 32<br>43 | 173<br>188 | 48 |
| 8 | *Idem* .......... | 〃 commun......... | 32<br>43 | 173<br>188 | 47 |
| | | 〃 musqué.......... | 32<br>43 | 173<br>190 | |
| | | Calmar sépiole.......... | 32<br>48 | 174<br>257 | |
| | | 〃 de Cranch ....... | 32<br>48 | 174<br>257 | |
| 9 | *Idem* .......... | 〃 de Banks ........ | 32<br>48 | 174<br>257 | 45 |
| | | 〃 commun ......... | 32<br>48 | 174<br>257 | |
| | | 〃 sèche ............ | 32<br>48 | 175<br>257 | |
| 10 | *Idem* .......... | Béloptére Cuvier........<br>〃 Defrance.....<br>Rhyncholithe lisse.......<br>Conchorhynque orné..... | | | 54 |

| N.° d'ordre. | FAMILLES. | GENRES ET ESPÈCES. | RENVOI AU TEXTE. Tome. | Page. | N.° du cahier. |
|---|---|---|---|---|---|
| 11 | CRYPTODIBRANCHES | Spirule australe ......... | 32<br>50 | 189<br>306 | 7 |
| | | Nummulite lenticulaire... | 35 | 226 | |
| | | Miliolite cœur de serpent. | 31 | 69 | |
| | | Bélemnite bicanaliculée... | 4<br>4 S. | 282<br>66 | |
| | | Bacculite gigantesque..... | 32 | 193 | |
| | | Turrilite comprimée...... | 32<br>56 | 186<br>148 | |
| | | Simpligade colubrie...... | 32<br>49 | 185<br>248 | |
| | | Nautile flambé........... | 32<br>34 | 184<br>295 | |
| 12 | MARGARITACÉES... | Ichtyosarcolite triangulaire | 22<br>32 | 549<br>191 | 41 |
| | | Gerville solénoïde........ | 18 | 503 | |
| 13 | NUMULACÉES, ORTHOCÉRACÉES, SPIRULACÉES. | Spirolinite cylindracée.... | 50 | 298 | 31 |
| | | = aplatie........ | 50 | 298 | |
| | | Discorbite vésiculaire..... | 13<br>32 | 346<br>186 | |
| | | Nodosaire baguette....... | 35<br>36 | 127<br>485 | |
| | | Textulaire sagittule ...... | 32<br>53 | 177<br>344 | |
| | | Saracénaire d'Italie....... | 32<br>47 | 177<br>344 | |
| | | Sidérolite calcitrapoïde ... | 32<br>49 | 180<br>98 | |
| 14 | NUMULACÉES..... | Lenticulite planulée ..... | 25<br>32 | 452<br>181 | 33 |
| | | Discorbite vésiculaire..... | 13 | 346 | |
| | | Rotalite trochidiforme.... | 32<br>46 | 187<br>303 | |
| | | Frondiculaire aplatie..... | 32 | 178 | |
| | | Planulaire oreille........ | 32<br>41 | 178<br>244 | |
| | | Planospirite solitaire..... | S.<br>41 | —<br>234 | |
| 15 | POLYTHALAMACÉES. | Miliole des pierres....... | 31<br>32 | 69<br>176 | 45 |
| | | Mélonie sphérique ....... | 30<br>32 | 17<br>176 | |
| | | = sphéroïde ....... | 30<br>32 | 17<br>176 | |
| | | Orbiculine numismale.... | 32<br>36 | 180<br>291 | |

| N.° d'ordre. | FAMILLES. | GENRES ET ESPÈCES. | RENVOI AU TEXTE. Tome. | Page. | N.° du cahier. |
|---|---|---|---|---|---|
| 15 | POLYTHALAMACÉES (*Suite.*) | Placentule pulvinée...... | 32<br>41 | 180<br>193 | 45 |
| | | Vorticiale craticulée...... | 32 | 181 | |
| | | Lenticuline rotulée....... | 25<br>32 | 453<br>181 | |
| | | Polystomelle planulée.... | 32 | 183 | |
| 16 | NAUTILACÉS...... | Nautile triangulaire...... | 32<br>34 | 184<br>285 | 51 |
| | | = ombiliqué....... | 32<br>34 | 184<br>285 | |
| | | = à deux siphons... | 32<br>34 | 184<br>285 | |
| | | Orbulite épaisse......... | 36 | 294 | |
| 17 | AMMONÉES...... | Ammonite interrompue... | 2<br>32 | 52<br>185 | 45 |
| | | = de Brongniart... | 2<br>32 | 52<br>185 | |
| | | = épaisse.......... | 2<br>32 | 52<br>185 | |
| | | = de Deslonchamps. | 2<br>32 | 52<br>185 | |
| | | = de Cerville...... | 2<br>32 | 52<br>185 | |
| 18 | *Idem*.......... | = de Caen......... | 2<br>32 | 52<br>185 | 45 |
| | | = de Deslonchamps. | 2<br>32 | 52<br>185 | |
| | | = de Bayeux....... | 2<br>32 | 52<br>185 | |
| | | = de Braikenridge.. | 2<br>32 | 52<br>185 | |
| 19 | CRISTACÉS et TURBINACÉS. | Rotalite trochidiforme.... | 32<br>46 | 179<br>303 | 48 |
| | | Cibicide glacé........... | 9<br>32 | 188<br>187 | |
| | | Linthurie casque........ | 26<br>32 | 555<br>188 | |
| | | Oréade auriculaire....... | 32<br>36 | 188<br>315 | |
| | | Crépiduline astacole...... | 32 | 188 | |
| 20 | ORTHOCÈRES et LITHUACÉS. | Ammonocératite......... | 32 | 189 | 48 |
| | | Ichthiosarcolite.......... | 22<br>32 | 549<br>191 | |
| | | Lituole nautiloïde....... | 27<br>32 | 81<br>190 | |
| | | Conilite onguliforme..... | 32 | 192 | |

| N.° d'ordre. | FAMILLES. | GENRES ET ESPÈCES. | RENVOI AU TEXTE. Tome. | Page. | N.° du cahier. |
|---|---|---|---|---|---|
| 20 | ORTHOCÉRÉS et LITHUACÉS. (*Suite.*) | Bélemnite mucronée...... | 4<br>4 S.<br>32 | 282<br>66<br>193 | 48 |
| | | = de Scanie..... | 4<br>4 S.<br>32 | 282<br>66<br>193 | |
| | | Béloptère sépioïde ....... | S. | — | |
| | | = bélemnoïde..... | S. | — | |
| | | Bélemnite fistuleuse...... | 4<br>4 S.<br>32 | 282<br>66<br>193 | |
| | | = obtuse......... | 4<br>4 S.<br>32 | 282<br>66<br>193 | |
| 21 | ORTHOCÉRÉS..... | = d'Osterfield.... | 4<br>4 S.<br>32 | 282<br>66<br>193 | 48 |
| | | = granulée....... | 4<br>4 S.<br>32 | 282<br>66<br>193 | |
| | | = pleine......... | 4<br>4 S.<br>32 | 282<br>66<br>193 | |
| | | = aiguë ......... | 4<br>4 S.<br>32 | 282<br>66<br>193 | |
| | | = hastée......... | 4<br>4 S.<br>32 | 282<br>66<br>194 | |
| | | = bicanaliculée .. | 4<br>4 S.<br>32 | 282<br>66<br>193 | |
| | | = gigantesque.... | 4<br>4 S.<br>32 | 282<br>66<br>193 | |
| | | = pénicillée...... | 4<br>4 S.<br>32 | 282<br>66<br>193 | |
| | | Orthocère régulière....... | 32<br>36 | 192<br>485 | |
| | | Bélemnite épée.......... | 4<br>4 S.<br>32 | 282<br>66<br>193 | |
| 22 | CÉPHALOPODES... | Baculite vertébrale fossile. | 3 S.<br>32 | 160<br>191 | 5 |
| 23 | CRYPTODIBRANCHES | Hamite cylindrique...... | 20<br>32 | 148<br>189 | 30 |

| N.° d'ordre. | FAMILLES. | GENRES ET ESPÈCES. | RENVOI AU TEXTE. Tome. | Page. | N.° du cahier. |
|---|---|---|---|---|---|
| 23 | Cryptodibranches (*Suite.*) | Amplexus coralloïdes..... | 2 S. | 29 | 30 |
| | | | 32 | 192 | |
| | | Scaphites æqualis........ | 32 | 190 | |
| | | | 48 | 28 | |
| 24 | *Idem*.......... | Orthocére annelée........ | 32 | 192 | 30 |
| | | | 36 | 485 | |
| | | Conulaire de Sowerby.... | 32 | 193 | |
| 25 | Syphonostomes... | Fuseau rubané .......... | 17 | 535 | 21 |
| | | | 32 | 197 | |
| | | Triton clandestin........ | 32 | 200 | |
| | | | 55 | 373 | |
| | | Pleurotome tour de Babel. | 32 | 196 | |
| | | | 41 | 384 | |
| | | Clavatule auriculifère .... | 9 | 377 | |
| 26 | Entomostomes... | Rostellaire bec arqué..... | 32 | 197 | 44 |
| | | | 46 | 295 | |
| | | Alène tachetée .......... | 1 S. | 114 | |
| | | | 5 | 407 | |
| | | | 5 S. | 116 | |
| | | | 32 | 206 | |
| | | Vis buccin.............. | 5 | 407 | |
| | | | 32 | 206 | |
| | | | 58 | 286 | |
| | | Planaxe sillonné......... | 32 | 205 | |
| | | | 41 | 219 | |
| | | Mélanopside buccinoïde .. | 29 | 476 | |
| | | | 32 | 205 | |
| 27 | Syphonostomes... | Turbinelle scolyme....... | 32 | 199 | 17 |
| | | | 56 | 84 | |
| | | Fasciolaire tulipe ........ | 16 | 196 | |
| | | | 32 | 199 | |
| | | Pyrule mélongène........ | 32 | 198 | |
| | | | 44 | 210 | |
| 28 | Syphonostomes et Entomostomes. | Struthiolaire noduleuse... | 51 | 157 | 44 |
| | | Rocher forte épine ...... | 32 | 202 | |
| | | | 45 | 520 | |
| | | = tubifère.......... | 32 | 202 | |
| | | | 45 | 539 | |
| | | Buccin tuberculeux...... | 5 | 405 | |
| | | | 32 | 208 | |
| | | = casquillon........ | 5 | 401 | |
| | | | 32 | 208 | |
| 29 | Syphonostomes... | Triton tuberculeux....... | 32 | 200 | 17 |
| | | | 55 | 173 | |
| | | Ranelle crapaud......... | 32 | 201 | |
| | | | 44 | 446 | |
| | | Triton varié............ | 32 | 200 | |
| | | | 55 | 373 | |

| N.° d'ordre. | FAMILLES. | GENRES ET ESPÈCES. | RENVOI AU TEXTE. Tome. | RENVOI AU TEXTE. Page. | N.° du cahier. |
|---|---|---|---|---|---|
| 30 | Syphonostomes... | Apolle gyrin............ | 45 | 518 | 16 |
| | | Lotoire baignoire........ | 27 | 230 | |
| | | | 45 | 518 | |
| | | Aquile cutacé......... .. | 2 S. | 109 | |
| | | | 45 | 518 | |
| | | Murex chicorée.......... | 45 | 527 | |
| | | Bronte cuiller........... | 5 S. | 64 | |
| | | | 45 | 521 | |
| 31 | Entomostomes... | Cérite buire............. | 7 | 517 | 51 |
| | | | 32 | 204 | |
| | | = chenille .......... | 7 | 518 | |
| | | | 32 | 204 | |
| | | = tristome .......... | 7 | 516 | |
| | | | 32 | 204 | |
| | | = cuiller............ | 7 | 516 | |
| | | | 32 | 204 | |
| | | | 41 | 127 | |
| | | = sillonnée.......... | 7 | 516 | |
| | | | 32 | 203 | |
| | | = Goumier.......... | 7 | 516 | |
| | | | 32 | 203 | |
| 32 | *Idem*.......... | Cérithe corne-d'abondance. | 7 | 516 | 65 |
| | | | 32 | 203 | |
| 33 | Turriculacées... | Mélanopside lisse........ | 29 | 476 | 22 |
| | | | 32 | 205 | |
| | | Pyrène de Madagascar.... | 41 | 128 | |
| | | Turritelle acutangle...... | 32 | 227 | |
| | | | 56 | 162 | |
| | | Pyramidelle térébelle..... | 44 | 135 | |
| 34 | Turriculés...... | Proto Maraschinii........ | 32 | 228 | 38 |
| | | | 43 | 410 | |
| | | = turritella ......... | 32 | 228 | |
| | | | 43 | 410 | |
| | | Potamide fragile ...... . | 43 | 95 | |
| | | Nériné tuberculeuse...... | 34 | 462 | |
| 35 | Entomostomes... | Cancellaire réticulée...... | 6 | 413 | 21 |
| | | | 6 S. | 87 | |
| | | | 32 | 211 | |
| | | Ricinule horrible ....... | 32 | 210 | |
| | | | 45 | 459 | |
| | | Licorne imbriquée....... | 26 | 272 | |
| | | Buccin ondé............ | 5 | 401 | |
| 36 | *Idem*.......... | Casque triangulaire....... | 5 | 404 | 22 |
| | | | 7 | 207 | |
| | | | 32 | 209 | |
| | | Cassidaire échinophore.... | 20 | 321 | |
| | | | 32 | 209 | |

| N.° d'ordre. | FAMILLES. | GENRES ET ESPÈCES. | RENVOI AU TEXTE. Tome. | Page. | N.° du cahier. |
|---|---|---|---|---|---|
| 36 | ENTOMOSTOMES. (*Suite.*) | Harpe noble | 20 | 301 | 22 |
| | | | 32 | 208 | |
| | | Tonne cannelée | 5 | 403 | |
| | | | 32 | 209 | |
| | | = perdrix | 5 | 403 | |
| | | | 32 | 209 | |
| 37 | *Idem* | Concholepas du Pérou | 10 | 166 | 21 |
| | | | 32 | 213 | |
| | | Buccin réticulé | 5 | 402 | |
| | | | 32 | 211 | |
| | | Pourpre persique | 43 | 235 | |
| | | Cyclope étoilé | 12 | 290 | |
| 38 | ANGYOSTOMES | Strombe aile cornue | 32 | 213 | 17 |
| | | | 51 | 114 | |
| | | *Idem* | 51 | 114 | |
| | | Ptérocère scorpion | 44 | 26 | |
| | | *Idem* | 44 | 26 | |
| 39 | *Idem* | Cône flamboyant | 10 | 254 | 18 |
| | | | 32 | 214 | |
| | | = hermine | 10 | 244 | |
| | | | 32 | 214 | |
| | | = mitré | 10 | 244 | |
| | | | 32 | 214 | |
| | | = drap-d'or | 10 | 260 | |
| | | | 32 | 214 | |
| | | Rhombe impérial | 10 | 250 | |
| | | | 32 | 214 | |
| 40 | *Idem* | Tarrière subulée | 32 | 215 | 18 |
| | | | 52 | 275 | |
| | | Séraphe oublie | 48 | 490 | |
| | | Volvaire à collier | 58 | 483 | |
| 41 | ENTOMOSTOMES | Éburne de Ceilan | 5 | 403 | 21 |
| | | | 32 | 207 | |
| | | Mitre rubanée | 31 | 480 | |
| | | | 32 | 217 | |
| | | Ancillaire cannelle | 32 | 217 | |
| | | Vis forêt | 58 | 285 | |
| | | Hippocrène columbaire | 21 | 180 | |
| | | Rostellaire pied-de-pélican | 46 | 299 | |
| 42 | ANGYOSTOMES | Mitre épiscopale | 31 | 481 | 44 |
| | | | 32 | 217 | |
| | | = à petites zones | 31 | 487 | |
| | | | 32 | 217 | |
| | | = dactyle | 31 | 485 | |
| | | | 32 | 217 | |
| | | Olive ondée | 32 | 216 | |
| | | | 36 | 32 | |

| N.° d'ordre. | FAMILLES. | GENRES ET ESPECES. | RENVOI AU TEXTE. Tome. | RENVOI AU TEXTE. Page. | N.° du cahier. |
|---|---|---|---|---|---|
| 42 | ANGYOSTOMES. (*Suite.*) | Olive littérée........... | 32<br>36 | 216<br>39 | 44 |
| | | = subulée........... | 32<br>36 | 216<br>40 | |
| | | Mitre décorée........... | 31<br>32 | 480<br>217 | |
| 43 | *Idem*.......... | Volute neigeuse......... | 32<br>58 | 218<br>467 | 17 |
| | | Cymbie gondole......... | S. | — | |
| | | Columbelle strombiforme.. | 10 | 83 | |
| 44 | *Idem*.......... | Cyprée exanthème adulte et non adulte (sous le nom de *Porcelaine*)......... | 32 | 220 | 18 |
| | | Péribole d'Adanson....... | 32<br>38 | 219<br>465 | |
| | | Olive de Panama........ | 32<br>36 | 216<br>30 | |
| | | Marginelle féverolle...... | 29<br>32 | 142<br>219 | |
| | | = bobi......... | 29<br>32 | 140<br>219 | |
| 45 | *Idem*.......... | Ovule oviforme.......... | 32<br>37 | 221<br>127 | 18 |
| | | Ultime gibbeux.......... | 32<br>37 | 221<br>130 | |
| | | Navette volve............ | 34<br>37 | 310<br>131 | |
| | | Calpurne verruqueux..... | S. | — | |
| 46 | GONYOSTOMES.... | Troque nilotique......... | 32<br>55 | 222<br>442 | 16 |
| | | Cadran escalier.......... | 32<br>49 | 222<br>409 | |
| | | Empereur couronné...... | 14 | 408 | |
| | | Fiipier agglutinant....... | 17<br>55 | 402<br>447 | |
| 47 | *Idem*.......... | Toupie concave.......... | 32<br>55 | 223<br>442 | 44 |
| | | = télescope......... | 32<br>55 | 224<br>442 | |
| | | = obélisqne......... | 32<br>55 | 224<br>450 | |
| | | = Iris............. | 32<br>55 | 224<br>455 | |
| | | Sabot blanchâtre......... | 32 | 225 | |
| | | Roulette rose........... | 46 | 336 | |
| | | Maclourite géant........ | 27 | 519 | |
| | | Evomphale ancien....... | 15 | 543 | |

| N.° d'ordre. | FAMILLES. | GENRES ET ESPÈCES. | RENVOI AU TEXTE. Tome. | Page. | N.° du cahier. |
|---|---|---|---|---|---|
| 48 | Cricostomes.... | Turbo veuve............ | 32<br>56 | 225<br>100 | 16 |
| | | Éperon molette.......... | 6 S.<br>15 | 21<br>12 | |
| | | Dauphinule lacinié...... | 12<br>32 | 543<br>227 | |
| | | Monodonte double bouche | 32 | 226<br>474 | |
| 49 | *Idem*.......... | Vermet d'Adanson....... | 32<br>57 | 228<br>322 | 17 |
| | | Scalaire commune........ | 32<br>48 | 228<br>11 | |
| | | Laniste d'Olivier (sous le nom d'*Ampullaire caréné*)............... | 32 | 234 | |
| | | Valvaire des piscines..... | 32<br>56 | 229<br>462 | |
| | | Scalaire précieuse........ | 32<br>48 | 228<br>13 | |
| | | Vivipare à bandes....... | 37<br>58 | 302<br>302 | |
| | | Cyclostome élégant....... | 12<br>32 | 297<br>230 | |
| 50 | Ellipsostomes... | Ampullaire idole........ | 20<br>32 | 445<br>234 | 43 |
| | | Hélicine striée........... | 20<br>32 | 456<br>235 | |
| | | Phasianelle infléchie...... | 32<br>39 | 234<br>459 | |
| | | Rissoaire aiguë.......... | 32<br>45 | 232<br>478 | |
| | | Mélanie thiare.......... | 29<br>32 | 461<br>232 | |
| 51 | Hémicyclostomes. | Nérite de Malacca....... | 32<br>34 | 238<br>465 | 14 |
| | | Néritine zèbre.......... | 32<br>34 | 238<br>475 | |
| | | Natice zonaire........... | 32<br>34 | 237<br>248 | |
| | | Clithon couronné........ | 32<br>34 | 239<br>476 | |
| | | Monodonte de Pharaon... | 32 | 226<br>474 | |
| 52 | *Idem*.......... | Navicelle elliptique...... | 32<br>34 | 240<br>318 | 43 |
| | | Piléole de Hauteville..... | 32<br>40 | 239<br>461 | |

| N.° d'ordre. | FAMILLES. | GENRES ET ESPÈCES. | RENVOI AU TEXTE. Tome. | Page. | N.° du cahier. |
|---|---|---|---|---|---|
| 52 | Hémicyclostomes. (*Suite.*) | Natice perverse. | 32<br>34 | 237<br>247 | 43 |
| | | = marron. | 32<br>34 | 237<br>247 | |
| | | = mamelle | 32<br>34 | 237<br>255 | |
| | | Nérite saignante. | 32<br>34 | 238<br>467 | |
| | | Néritine auriculée | 32<br>34 | 239<br>476 | |
| | | Natice solide. | 32<br>34 | 237<br>251 | |
| 53 | Ellipsostomes | Limnée stagnale. | 26<br>32 | 457<br>243 | 16 |
| | | Amphibulime capuchon | 2 S.<br>32 | 24<br>248 | |
| | | Physe de la Nouv.-Hollande | 32<br>40 | 244<br>144 | |
| | | Mélanie spire aiguë. | 29<br>32 | 460<br>231 | |
| | | Phasianelle peinte | 39 | 456 | |
| 54 | *Idem* | Janthine violette. | 24<br>32 | 148<br>241 | 43 |
| | | Limnée auriculaire. | 26<br>32 | 449<br>243 | |
| | | Planorbe corné. | 32<br>41 | 245<br>226 | |
| | | Tornatelle coniforme. | 32<br>54 | 245<br>538 | |
| | | Auricule aveline. | 3 S. | 131 | |
| | | = pygmée | 3 S. | 131 | |
| | | Pyramidelle dentée. | 32<br>44 | 247<br>134 | |
| 55 | *Idem* | Auricule de Juda. | 3 S.<br>32 | 132<br>246 | 15 |
| | | Agathine de Virginie. | 1 S.<br>32 | 78<br>249 | |
| | | Bulime radié | 5 S.<br>32 | 128<br>248 | |
| | | Ambrette amphibie. | 32 | 248 | |
| | | Tornatelle fasciée. | 32<br>54 | 245<br>539 | |
| 56 | *Idem* | Hélice plissée | 20<br>32 | 425<br>252 | 15 |
| | | Hélicine néritine | 20 | 455<br>456 | |
| | | Carocolle à bandes. | 20 | 428 | |

| N.° d'ordre. | FAMILLES. | GENRES ET ESPÈCES. | RENVOI AU TEXTE. Tome. | Page. | N.° du cahier. |
|---|---|---|---|---|---|
| 56 | ELLIPSOSTOMES. (*Suite.*) | Tomogère déprimé....... | 32<br>54 | 252<br>496 | 14 |
| | | Maillot momie.......... | 28<br>32 | 96<br>251 | |
| | | Clausilie lisse........... | 9<br>32 | 364<br>250 | |
| 57 | *Idem*.......... | Agathine zèbre.......... | 1 S<br>32 | 78<br>249 | 43 |
| | | = gland.......... | 1 S.<br>32 | 78<br>250 | |
| | | = columnaire..... | 1 S.<br>32 | 78<br>250 | |
| | | Maillot bossu............ | 28<br>32 | 91<br>251 | |
| | | Hélice conoïde.......... | 20<br>32 | 437<br>253 | |
| | | = naticoïde......... | 20<br>32 | 421<br>253 | |
| | | = planorbe.......... | 20<br>32 | 426<br>254 | |
| | | = peson............ | 20<br>32 | 430<br>254 | |
| 58 | LIMACINÉES...... | Vitrine transparente...... | 20<br>32<br>58 | 458<br>255<br>296 | 46 |
| | | Testacelle ormier........ | 32<br>53 | 255<br>243 | |
| | | Parmacelle d'Olivier...... | 32<br>37 | 256<br>551 | |
| | | Limacelle d'Elfort........ | 26<br>32 | 434<br>256 | |
| | | Limace grise............ | 26<br>32 | 429<br>257 | |
| | | = rouge........... | 26<br>32 | 428<br>257 | |
| | | Onchidie lisse........... | 32<br>36 | 258<br>117 | |
| 59 | CHISMOBRANCHES.. | Coriocelle noire.......... | 32 | 259 | 44 |
| | | Sigaret convexe.......... | 32<br>49 | 259<br>112 | |
| | | Cryptostome de Leach.... | 12<br>32 | 128<br>260 | |
| | | Vélutine capuloïde....... | 32 | 261 | |
| | | Stomatelle auricule....... | 32<br>51 | 261<br>73 | |
| 60 | MONOPLEUROBRANCHES. | Berthelle poreuse........ | 32<br>41 | 262<br>370 | |

| N.° d'ordre. | FAMILLES. | GENRES ET ESPÈCES. | RENVOI AU TEXTE. Tome. | Page. | N.° du cahier. |
|---|---|---|---|---|---|
| 60 | MONOPLEUROBRANCHES. (*Suite.*) | Pleurobranche Lesueur.... | 32 | 262 | 44 |
| | | | 41 | 371 | |
| | | Pleurobranchidie Meckel.. | 32 | 263 | |
| | | | 41 | 376 | |
| | | Aplysie dépilante........ | 32 | 264 | |
| | | Dolabelle de Rumph (coq.). | 13 | 375 | |
| | | | 32 | 265 | |
| | | Bursatelle Leach......... | 5 S. | 138 | |
| | | | 32 | 265 | |
| | | Notarche Cuvier......... | 32 | 266 | |
| | | | 35 | 161 | |
| 61 | *Idem*.......... | Ombrelle chinoise........ | 32 | 267 | 44 |
| | | | 36 | 99 | |
| | | Siphonaire de Lesson..... | 32 | 267 | |
| | | | 49 | 296 | |
| 62 | ACÈRES......... | Bulle hydadite........... | 5 | 426 | 51 |
| | | | 32 | 268 | |
| | | Bullée plancienne........ | 5 | 429 | |
| | | | 32 | 269 | |
| | | Lobaire charnu.......... | 27 | 94 | |
| | | | 32 | 270 | |
| | | Sormet d'Adanson........ | 32 | 270 | |
| | | | 49 | 490 | |
| | | Gastéroptère de Meckel... | 32 | 270 | |
| | | Atlas de Péron.......... | 32 | 271 | |
| | | Bulle fragile............ | 5 | 426 | |
| | | | 32 | 268 | |
| | | = oublie............. | 5 | 426 | |
| | | | 32 | 268 | |
| | | Buline de la Jonkaire.... | 5 S. | 129 | |
| | | | 40 | 141 | |
| | | Bulle banderolle......... | 5 | 426 | |
| | | | 32 | 268 | |
| | | = papyracée......... | 5 | 426 | |
| | | | 32 | 268 | |
| | | = ampoule........... | 5 | 426 | |
| | | | 32 | 268 | |
| 63 | PTÉRODIBRANCHES, POLYBRANCHES et CYCLOBRANCHES. | Clio austral............ | 9 | 440 | 12 |
| | | | 32 | 273 | |
| | | Hyale tridentée......... | 22 | 65 | |
| | | | 32 | 272 | |
| | | Glaucus atlanticus....... | 19 | 33 | |
| | | | 32 | 276 | |
| | | Laniogère d'Elfort........ | 25 | 243 | |
| | | | 32 | 276 | |
| | | Scyllée pélagique........ | 32 | 278 | |
| | | | 48 | 239 | |

| N.° d'ordre. | FAMILLES. | GENRES ET ESPÈCES. | RENVOI AU TEXTE. Tome | Page. | N.° du cahier. |
|---|---|---|---|---|---|
| 63 | Ptérodibranches, Polybranches et Cyclobranches. (*Suite.*) | Tritonie de Homberg..... | 32<br>55 | 278<br>388 | 12 |
| | | Péronie de l'Isle-de-France | 32<br>38 | 281<br>523 | |
| | | Onchidore de Leach ..... | 32<br>36 | 280<br>121 | |
| | | Doris argo.............. | 13<br>32 | 451<br>280 | |
| 64 | Thécosomes, Gymnosomes et Psilosomes. | Cléodore de Browne....... | 9<br>32 | 386<br>272 | 46 |
| | | Vaginelle de Bordeaux... | 56 | 427 | |
| | | Cymbulie de Péron ...... | 12<br>32 | 333<br>273 | |
| | | Pneumoderme de Péron.. | 32<br>42 | 274<br>44 | |
| | | Phylliroë bucéphale...... | 32<br>40 | 275<br>103 | |
| | | Tergipède lacinulé....... | 32<br>53 | 276<br>172 | |
| 65 | Polybranches et Cyclobranches. | Cavoline pélerine........ | 7<br>32 | 311<br>277 | 48 |
| | | Éolide de Cuvier........ | 14<br>32 | 558<br>277 | |
| | | Téthys léporine......... | 32<br>53 | 279<br>292 | |
| | | Doris cornue........... | 13<br>32 | 445<br>279 | |
| | | = laciniée .......... | 13<br>32 | 445<br>279 | |
| | | = semelle .......... | 13<br>32 | 445<br>280 | |
| 66 | Inférobranches et Nucléobranches. | Phyllidie à trois lignes... | 32<br>40 | 281<br>98 | 12 |
| | | Linguelle d'Elfort........ | 26<br>32 | 512<br>281 | |
| | | Carinaire de la Méditerranée | 7<br>32 | 105<br>283 | |
| | | Firole de Fréderic....... | 17<br>32 | 67<br>282 | |
| | | Coquille de l'Argonaute papyracé............... | 3<br>32 | 102<br>285 | |
| | | Œufs de poulpe......... | 43 | 170 | |
| 67 | Clypéacées...... | Patelle vulgaire......... | 32<br>38 | 289<br>114 | 13 |
| | | Parmophore alongée..... | 32<br>37 | 292<br>559 | |

| N.° d'ordre. | FAMILLES. | GENRES ET ESPÈCES. | RENVOI AU TEXTE. Tome. | RENVOI AU TEXTE. Page. | N.° du cahier. |
|---|---|---|---|---|---|
| 67 | CLYPÉACÉES. (*Suite.*) | Fissurelle de Grèce...... | 17 | 77 | 13 |
| | | | 32 | 290 | |
| | | Émarginule conique...... | 14 | 381 | |
| | | | 32 | 291 | |
| | | Navicelle elliptique...... | 34 | 318 | |
| | | Ancille fluviatile......... | 2 | 113 | |
| | | | 2 S. | 45 | |
| | | | 32 | 294 | |
| 68 | *Idem*......... | Rimule de Blainville..... | 32 | 291 | 45 |
| | | | 45 | 471 | |
| | | Émarginule déprimée..... | 14 | 380 | |
| | | | 32 | 291 | |
| | | = échancrée.... | 14 | 380 | |
| | | | 32 | 291 | |
| | | Dentale lisse............ | 13 | 69 | |
| | | | 32 | 287 | |
| | | Spiratelle limacine....... | 32 | 284 | |
| | | | 50 | 283 | |
| | | Haliotide canaliculée .... | 20 | 223 | |
| | | | 32 | 293 | |
| | | Crépidule subspirée...... | 11 | 397 | |
| | | | 32 | 295 | |
| | | Calyptrée éteignoir....... | 6 | 274 | |
| | | | 6 S. | 60 | |
| | | | 32 | 296 | |
| | | Atlante de Péron........ | 32 | 284 | |
| 69 | *Idem*.......... | Patelle vulgaire......... | 32 | 289 | 45 |
| | | | 38 | 114 | |
| | | = en bateau........ | 32 | 289 | |
| | | | 38 | 96 | |
| | | = scutellaire ....... | 32 | 289 | |
| | | | 38 | 102 | |
| | | = en cuiller........ | 32 | 289 | |
| | | | 38 | 100 | |
| | | = pectinée......... | 32 | 289 | |
| | | | 38 | 92 | |
| | | = cymbulaire....... | 32 | 289 | |
| | | | 38 | 91 | |
| | | = rouge dorée...... | 32 | 289 | |
| | | | 38 | 109 | |
| 70 | *Idem* et autres.. | Orbicule crépue ......... | 32 | 304 | 42 |
| | | | 36 | 291 | |
| | | Calcéole sandaline ....... | 6 | 221 | |
| | | | 32 | 306 | |
| | | Opis cardissoïde......... | 36 | 219 | |
| | | Piléole de Hauteville..... | 40 | 461 | |
| | | Rimule fragile........... | 45 | 471 | |

| N.° d'ordre. | FAMILLES. | GENRES ET ESPÈCES. | RENVOI AU TEXTE. Tome. | Page. | N.° du cahier. |
|---|---|---|---|---|---|
| 70 | Clypéacées et autres. (*Suite.*) | Buline de la Jonckaire... | 5 S. | 129 | 42 |
| | | | 40 | 141 | |
| 71 | Mégastomes..... | Cabochon tortillé........ | 6 | 23 | 14 |
| | | | 32 | 296 | |
| | | Calyptrée équestre....... | 6 | 274 | |
| | | | 32 | 296 | |
| | | Crépidule porcellane..... | 11 | 397 | |
| | | | 32 | 294 | |
| | | Stomate nacrée.......... | 32 | 293 | |
| | | | 51 | 71 | |
| | | Stomatelle imbriquée..... | 51 | 73 | |
| | | Sigaret concave.......... | 49 | 110 | |
| | | Haliotide à côtes........ | 20 | 223 | |
| | | | 32 | 292 | |
| 72 | *Idem*......... | Hipponice corne-d'abond.. | 21 | 186 | 16 |
| | | | 32 | 297 | |
| | | = de Sowerby... | S. | — | |
| | | = dilatée....... | 21 | 187 | |
| | | = mitrale....... | S. | — | |
| 73 | Linculées....... | Térébratule dorsale...... | 32 | 300 | 13 |
| | | | 53 | 136 | |
| | | Orbicule de la Norwége.. | 32 | 304 | |
| | | | 36 | 292 | |
| | | Lingule anatine.......... | 26 | 521 | |
| | | | 32 | 299 | |
| 74 | Palliobranches.. | Térébratule digone....... | 32 | 300 | 48 |
| | | | 53 | 127 | |
| | | = globuleuse... | 32 | 300 | |
| | | | 53 | 127 | |
| | | = difforme..... | 32 | 300 | |
| | | | 53 | 127 | |
| | | = ailée........ | 32 | 300 | |
| | | | 53 | 127 | |
| | | = rouge ....... | 32 | 300 | |
| | | | 53 | 138 | |
| | | = tête-de-serpent | 32 | 300 | |
| | | | 53 | 139 | |
| | | = lyre......... | 32 | 301 | |
| | | | 53 | 127 | |
| | | = canalyfère ... | 32 | 301 | |
| | | | 53 | 127 | |
| | | Calcéole sandaline........ | 6 | 221 | |
| | | | 32 | 306 | |
| 75 | Linculées....... | Strygocéphale de Burtin.. | 51 | 102 | 33 |
| | | Strophomenes rugosa..... | 32 | 302 | |
| | | | 51 | 151 | |

| N.° d'ordre. | FAMILLES. | GENRES ET ESPÈCES. | RENVOI AU TEXTE. Tome. | Page. | N.° du cahier. |
|---|---|---|---|---|---|
| 76 | LINGULÉES....... | Magas pumilus.......... | 28 | 12 | 33 |
| | | Spirifer de Sowerby...... | 32 | 301 | |
| | | | 50 | 295 | |
| | | = trigonalis........ | 32 | 301 | |
| | | | 50 | 293 | |
| 77 | OSTRACÉES, LINGULACÉES. | Pentamerus Knightii..... | 38 | 372 | 44 |
| | | Productus Martini....... | 43 | 350 | |
| | | Uncite gryphoïde........ | 56 | 256 | |
| 78 | PALLIOBRANCHES.. | Dianchore strié.......... | 13 | 161 | 61 |
| | | | 32 | 303 | |
| | | Plagiostome épineux...... | 32 | 303 | |
| | | | 41 | 200 | |
| | | Podopside tronquée...... | 32 | 303 | |
| | | | 42 | 71 | |
| | | Orbicule lisse.......... | 32 | 304 | |
| | | | 36 | 293 | |
| | | = de Norwége..... | 32 | 304 | |
| | | | 36 | 292 | |
| 79 | SUB-OSTRACÉES, LINGULACÉES. | Plagiostome épineux...... | 32 | 303 | 44 |
| | | | 41 | 200 | |
| | | Pachyte ponctuée........ | 37 | 206 | |
| | | Dianchore bordé........ | 13 | 161 | |
| | | | 32 | 303 | |
| 80 | OSTRACÉES et CONCHACÉES. | Thécidée rayonnante .... | 32 | 302 | 25 |
| | | | 53 | 434 | |
| | | Cypricarde modiolaire.... | S. | — | |
| | | Calcéole hétéroclite...... | 6 | 221 | |
| | | | 32 | 306 | |
| 81 | LINGULACÉES..... | Sphérulite foliacée....... | 32 | 305 | 34 |
| | | | 50 | 218 | |
| 82 | RUDISTES, ORTHOCÉRACÉES. | Jodamie Duchâtel........ | 24 | 230 | 35 |
| | | | 32 | 306 | |
| | | = bilingue........ | 24 | 230 | |
| | | | 32 | 306 | |
| | | Radiolite turbinée....... | 32 | 305 | |
| | | | 44 | 346 | |
| 83 | ORTHOCÉRACÉES.. | Hippurite corne-d'abond... | 21 | 196 | 31 |
| | | = bioculée....... | 21 | 197 | |
| | | = sillonnée ...... | 21 | 196 | |
| 84 | OSTRACÉES....... | Cranie antique.......... | 11 | 312 | 15 |
| | | | 32 | 304 | |
| | | = masque .......... | 11 | 312 | |
| | | | 32 | 304 | |
| | | Anomie pelure d'oignon.. | 2 | 186 | |
| | | | 32 | 307 | |
| | | Gryphée arquée.......... | 19 | 536 | |
| | | | 32 | 309 | |

| N.° d'ordre. | FAMILLES. | GENRES ET ESPÈCES. | RENVOI AU TEXTE. Tome. | RENVOI AU TEXTE. Page. | N.° du cahier. |
|---|---|---|---|---|---|
| 84 | OSTRACÉES (*Suite*). | Huître nacrée .......... | 22 | 18 | 15 |
| | | | 32 | 308 | |
| 85 | *Idem* .......... | = comestible........ | 22 | 16 | 47 |
| | | | 32 | 308 | |
| | | = crête-de-coq....... | 22 | 19 | |
| | | | 32 | 309 | |
| | | Placune vitrée.......... | 32 | 308 | |
| | | Peigne de Saint-Jacques... | 32 | 311 | |
| | | | 38 | 239 | |
| | | = sole............ | 32 | 311 | |
| | | | 38 | 239 | |
| 86 | SUB - OSTRACÉES, CRICOSTOMES, SOLÉNACÉES. | Hinnite de Cortési...... | 21 | 169 | 26 |
| | | | 32 | 311 | |
| | | Pleurotomaire ornée ..... | 41 | 382 | |
| | | = tuberculeuse | 41 | 382 | |
| | | Gervillie solénoïde....... | 18 | 503 | |
| | | | 32 | 316 | |
| 87 | SUB-OSTRACÉES.. | Spondyle gaiderope ...... | 32 | 310 | 14 |
| | | | 50 | 321 | |
| | | Plicatule gibbeuse ....... | 32 | 310 | |
| | | | 41 | 399 | |
| | | Lime commune.......... | 26 | 443 | |
| | | | 32 | 312 | |
| | | Peigne glabre .......... | 32 | 311 | |
| | | | 38 | 241 | |
| | | Vulselle lingulée ........ | 32 | 313 | |
| | | | 58 | 516 | |
| | | Houlette spondyloïde..... | 21 | 469 | |
| | | | 32 | 312 | |
| 88 | NAUTILACÉES, SPHÉRULACÉES, MARGARITACÉES. | Cristellaire casque........ | 11 | 614 | 32 |
| | | Pyrgo lisse............ | 32 | 273 | |
| | | Pulvinite d'Adanson ..... | 32 | 316 | |
| | | | 44 | 107 | |
| | | Catillus Lamarckii....... | 32 | 316 | |
| 89 | MARGARITACÉES... | Trichite épaisse.......... | 55 | 206 | 55 |
| 90 | *Idem* .......... | Perne fémorale.......... | 32 | 314 | 15 |
| | | | 38 | 512 | |
| | | Crénatule aviculaire...... | 11 | 379 | |
| | | | 32 | 315 | |
| | | Avicule aronde.......... | 3 S. | 138 | |
| | | | 32 | 317 | |
| | | Marteau commun........ | 29 | 257 | |
| | | | 32 | 314 | |
| 91 | MYTILACÉES...... | Pinne noble........... | 32 | 319 | 16 |
| | | | 41 | 64 | |
| | | Moule d'Afrique......... | 32 | 318 | |
| | | | 33 | 144 | |

| N.° d'ordre. | FAMILLES. | GENRES ET ESPECES. | RENVOI AU TEXTE. Tome. | Page. | N.° du cahier. |
|---|---|---|---|---|---|
| 91 | Mytilacées (*suite*). | Modiole des Papous ..... | 31 | 511 | 16 |
| | | | 32 | 318 | |
| | | Lithodome ordinaire ..... | 27 | 66 | |
| 92 | Arcacées ....... | Arche barbue ........... | 2 | 459 | 15 |
| | | | 32 | 321 | |
| | | = de Noë ........... | 2 | 459 | |
| | | | 32 | 321 | |
| | | Pétoncle pectiniforme .... | 32 | 322 | |
| | | | 39 | 222 | |
| | | Cucullée auriculifère ..... | 12 | 142 | |
| | | Nucule margaritacée ..... | 32 | 322 | |
| | | | 35 | 216 | |
| 93 | *Idem* .......... | Arche bistournée ......... | 2 | 460 | 47 |
| | | | 32 | 321 | |
| | | = mytiloïde ......... | 2 | 457 | |
| | | | 32 | 321 | |
| | | = velue ............ | 2 | 457 | |
| | | | 32 | 320 | |
| | | Marteau vulsellé ........ | 29 | 258 | |
| | | | 32 | 314 | |
| | | Inocérame concentrique... | 23 | 428 | |
| | | | 32 | 315 | |
| | | Cypricarde de Guinée .... | 32 | 326. | |
| | | Avicule mère-perle ...... | 3 S. | 138 | |
| | | | 32 | 317 | |
| 94 | Submytilacées ... | Anodonte des cygnes ..... | 2 | 184 | 48 |
| | | | 32 | 324 | |
| | | Iridine exotique ......... | 32 | 323 | |
| | | Anodonte dipsade ........ | 2 | 183 | |
| | | | 32 | 324 | |
| 95 | *Idem* .......... | Moulette ridée .......... | 32 | 324 | 47 |
| | | = des peintres ..... | 32 | 325 | |
| | | = sinuée ......... | 32 | 324 | |
| | | = Castalie ....... | 32 | 325 | |
| 96 | Conchacées ..... | Tridacne bénitier ........ | 32 | 329 | 27 |
| | | | 55 | 256 | |
| | | Hippope chou ........... | 21 | 189 | |
| | | | 32 | 329 | |
| | | Vénéricarde imbriquée ... | 32 | 326 | |
| | | | 57 | 232 | |
| | | Hiatelle à deux fentes .... | 21 | 149 | |
| 97 | Conchacées, Serpulées. | Volupie ridée ........... | 58 | 451 | 55 |
| | | Serpule ? de Vieillot ..... | 48 | 569 | |
| | | = cor-de-chasse .... | 48 | 568 | |
| | | Entale ridée .. ......... | 14 | 517 | |
| | | Vaginelle retroussée ...... | 56 | 427 | |
| | | Serpule tête-de-serpent .... | 48 | 567 | |

| N.° d'ordre. | FAMILLES. | GENRES ET ESPÈCES. | RENVOI AU TEXTE. Tome. | Page. | N.° du cahier. |
|---|---|---|---|---|---|
| 98 | CARDIACÉES...... | Cardite tachetée......... | 7<br>32 | 88<br>325 | 26 |
| | | Isocarde globuleuse ...... | 24<br>32 | 17<br>330 | |
| | | Bucarde édule....... ... | 5<br>32 | 397<br>332 | |
| 99 | CAMACÉES....... | Trigonie nacrée.......... | 32<br>55 | 330<br>292 | 16 |
| | | Came feuilletée.......... | 6<br>32 | 286<br>327 | |
| | | Corbule gauloise......... | 10<br>32 | 398<br>344 | |
| | | Dicérate ariétine......... | 13<br>32 | 172<br>327 | |
| 100 | CONCHACÉES ..... | Opis cardissoïde......... | 36 | 219 | 47 |
| | | Éthérie elliptique........ | 15<br>32 | 485<br>328 | |
| | | Bucarde sourdon......... | 5<br>5 S.<br>32 | 395<br>103<br>332 | |
| | | Hémicarde soufflet....... | 32 | 332 | |
| | | Cyprine d'Islande........ | 12<br>32 | 403<br>336 | |
| 101 | *Idem* .......... | Donace bec-de-flûte ...... | 13<br>32 | 420<br>332 | 27 |
| | | = des canards...... | 13<br>32 | 424<br>333 | |
| | | Capse du Brésil ......... | 6<br>32 | 522<br>333 | |
| | | Telline soleil-levant...... | 32<br>52 | 333<br>530 | |
| 102 | *Idem* .......... | Loripède lacté .......... | 27<br>32 | 217<br>335 | 27 |
| | | Tellinide de Timor...... | 32<br>52 | 334<br>559 | |
| | | Lucine divergente........ | 27<br>32 | 271<br>334 | |
| | | Corbeille renflée......... | 10<br>32 | 396<br>335 | |
| 103 | *Idem*.......... | Cyclade cornée.......... | 12<br>32 | 277<br>335 | 26 |
| | | = de Ceilan....... | 12<br>32 | 277<br>336 | |
| | | Galathée à rayons........ | 18<br>32 | 60<br>336 | |
| | | Crassatelle sillonnée...... | 11<br>32 | 358<br>338 | |

| N.° d'ordre. | FAMILLES. | GENRES ET ESPÈCES. | RENVOI AU TEXTE. | | N.° du cahier. |
|---|---|---|---|---|---|
| | | | Tome. | Page. | |
| 103 | CONCHACÉES (*suite*) | Mactre lisor | 27 | 542 | 26 |
| | | | 32 | 337 | |
| | | Onguline transverse | 32 | 345 | |
| | | | 36 | 131 | |
| | | Érycine cardioïde | 15 | 264 | |
| | | | 32 | 338 | |
| 104 | *Idem* | Venus tumescente | 32 | 339 | 47 |
| | | | 57 | 261 | |
| | | = exolète | 32 | 339 | |
| | | | 57 | 261 | |
| | | = tigerrine | 27 | 261 | |
| | | | 32 | 340 | |
| | | = pectinée | 32 | 340 | |
| | | | 57 | 272 | |
| | | = fauve | 32 | 340 | |
| | | | 57 | 266 | |
| 105 | *Idem* | = croisé | 32 | 340 | 47 |
| | | | 57 | 275 | |
| | | = corbeille | 32 | 340 | |
| | | | 57 | 283 | |
| | | = bombée | 32 | 340 | |
| | | | 57 | 261 | |
| | | = rudérale | 32 | 340 | |
| | | | 57 | 261 | |
| | | = crénulaire | 32 | 341 | |
| | | | 57 | 284 | |
| | | = chambrière | 32 | 341 | |
| | | | 57 | 286 | |
| | | = crassatelle | 32 | 341 | |
| | | | 57 | 261 | |
| 106 | PYLORIDÉS | Vénérupe lamelleuse | 32 | 342 | 48 |
| | | | 57 | 239 | |
| | | = pétricole | 32 | 343 | |
| | | | 57 | 237 | |
| | | Coralliophage carditoïde | 32 | 343 | |
| | | Anatine trapézoïdale | 32 | 347 | |
| | | Sphène de Birgham | 32 | 344 | |
| | | | 50 | 203 | |
| | | Anatine subrostrée | 32 | 347 | |
| | | Thracie corbuloïde | | | |
| 107 | *Idem* | Mye des sables | 32 | 348 | 51 |
| | | | 34 | 3 | |
| | | Lutricole comprimée | 32 | 349 | |
| | | = solénoïde | 32 | 349 | |
| | | Psammocole vespertinale | 32 | 349 | |
| | | | 43 | 482 | |

| N.° d'ordre. | FAMILLES. | GENRES ET ESPÈCES. | RENVOI AU TEXTE. Tome. | Page. | N.° du cahier. |
|---|---|---|---|---|---|
| 107 | PYLORIDÉS. (*Suite.*) | Solételline radiée........ | 32<br>49 | 350<br>439 | 51 |
| | | Sanguinolaire rugueuse... | 32<br>47 | 350<br>277 | |
| 108 | *Idem*.......... | Psammobie vergetée...... | 32<br>43 | 350<br>477 | 26 |
| | | Psammotée violette....... | 32<br>43 | 350<br>483 | |
| | | Corbule australe......... | 10<br>32 | 397<br>344 | |
| | | Sanguinolaire soleil-couch. | 32<br>47 | 350<br>276 | |
| | | Pandore rostrée.......... | 32<br>37 | 346<br>324 | |
| | | Amphidesme glabelle..... | S. | — | |
| 109 | *Idem*.......... | Solémye australe......... | 32<br>49 | 352<br>422 | 29 |
| | | Solen gaîne............. | 32<br>49 | 352<br>430 | |
| | | = coutelet........... | 32<br>49 | 352<br>428 | |
| | | = rose.............. | 32<br>49 | 352<br>432 | |
| | | Gastrochène cunéiforme... | 18<br>32 | 174<br>355 | |
| | | Pholade grande taille.... | 32<br>39 | 358<br>529 | |
| | | = crépue......... | 32<br>39 | 359<br>531 | |
| 110 | *Idem*.......... | Solécurte gousse......... | 32<br>49 | 351<br>419 | 51 |
| | | Panopée d'Aldrovande.... | 32<br>37 | 353<br>342 | |
| | | Glycimère épaisse........ | 19<br>32 | 100<br>353 | |
| 111 | *Idem*.......... | Saxicave australe........ | 32<br>47 | 354<br>548 | 51 |
| | | Byssomye pholladine..... | 32 | 354 | |
| | | Rhomboïde rugueux...... | 32<br>45 | 355<br>414 | |
| | | Pholade striée........... | 32<br>39 | 359<br>530 | |
| | | Taret bipalmulé......... | 32<br>52 | 361<br>259 | |
| 112 | TUBICOLES...... | Clavagelle tibiale........ | 9<br>32 | 366<br>357 | 25 |

| N.o d'ordre. | FAMILLES. | GENRES ET ESPÈCES. | RENVOI AU TEXTE. Tome. | Page. | N.o du cahier. |
|---|---|---|---|---|---|
| 112 | TUBICOLES.(*Suite.*) | Arrosoir de Java......... | 3 | 144 | 25 |
| | | | 32 | 357 | |
| | | Fistulane massue......... | 17 | 83 | |
| | | | 32 | 361 | |
| | | = corniforme..... | 17 | 83 | |
| | | | 32 | 361 | |
| | | Térédine masquée........ | 32 | 360 | |
| | | | 53 | 168 | |
| | | Taret commun........... | 32 | 360 | |
| | | | 52 | 267 | |
| 113 | ASCIDIENS....... | Ascidie petit-monde...... | 3 | 192 | 48 |
| | | | 3 S. | 45 | |
| | | | 32 | 364 | |
| | | = intestinale....... | 3 | 192 | |
| | | | 3 S. | 45 | |
| | | | 32 | 364 | |
| | | = en massue....... | 3 | 192 | |
| | | | 3 S. | 45 | |
| | | | 32 | 364 | |
| | | Distome variolé.......... | 13 | 365 | |
| | | | 32 | 366 | |
| | | Botrylle étoilé........... | 5 | 243 | |
| | | | 22 | 104 | |
| | | | 32 | 367 | |
| | | Syncïque sublobé........ | 32 | 367 | |
| | | | 51 | 484 | |
| | | = simple......... | 32 | 367 | |
| | | | 51 | 486 | |
| 114 | SALPIENS........ | Biphore polymorphe..... | 32 | 369 | 47 |
| | | | 47 | 114 | |
| | | = fusiforme....... | 32 | 369 | |
| | | | 47 | 117 | |
| | | = zonaire......... | 32 | 369 | |
| | | | 47 | 115 | |
| | | = firoloïde......... | 32 | 369 | |
| | | | 47 | 94 / 108 | |
| | | = bicorne......... | 32 | 369 | |
| | | | 47 | 120 | |
| | | Pyrosome géant.......... | 32 | 371 | |
| | | | 44 | 175 | |
| 115 | LÉPADIENS....... | Gymnolèpe de Cuvier.... | 32 | 374 | 48 |
| | | = de Cranch ... | 32 | 374 | |
| | | Pentalèpe lisse .......... | 32 | 374 | |
| | | Pollicipède groupé....... | 32 | 374 | |
| | | | 42 | 314 | |
| | | Polylèpe vulgaire........ | 32 | 375 | |

| N.° d'ordre. | FAMILLES. | GENRES ET ESPÈCES. | RENVOI AU TEXTE. Tome. | RENVOI AU TEXTE. Page. | N.° du cahier. |
|---|---|---|---|---|---|
| 115 | Lépadiens (*Suite.*) | Polylèpe couronné ....... | 32 | 375 | 48 |
| | | Litholèpe de Mont-Serrat. | 32 | 375 | |
| 116 | Balanides ...... | Balane épineux.......... | 3<br>32 | 408<br>376 | 47 |
| | | = géant........... | 3<br>32 | 408<br>376 | |
| | | = des éponges ...... | 3<br>32 | 412<br>376 | |
| | | = de Stroëm........ | 3<br>32 | 408<br>376<br>377 | |
| | | Conie radiée ............ | 10<br>32 | 275<br>378 | |
| | | Creusie spinuleuse ........ | 32 | 378 | |
| | | = rayonnante ...... | 32 | 378 | |
| | | Chthalame étoile ........ | 32 | 379 | |
| 117 | *Idem* .......... | Coronule douze lobes..... | 10<br>32 | 498<br>379 | 48 |
| | | = des tortues..... | 10<br>32 | 498<br>380 | |
| | | = rayonnée....... | 10<br>32 | 498<br>38 | |
| | | = diadème ....... | 10<br>32 | 499<br>380 | |
| | | = tubicinelle..... | 10<br>32 | 498<br>380 | |
| 118 | Polyplaxiphores. | Oscabrion écailleux....... | 32<br>36 | 382<br>538 | 47 |
| | | = marbré ........ | 32<br>36 | 382<br>539 | |
| | | = brun .......... | 32<br>36 | 382<br>543 | |
| | | = fasciculaire..... | 32<br>36 | 382<br>551 | |
| | | = lisse .......... | 32<br>36 | 382<br>550 | |
| | | = larviforme...... | 32<br>36 | 382<br>519 | |

FIN DE LA TABLE DE CONCHYLIOLOGIE ET DE MALACOLOGIE.

# TABLE

## ALPHABÉTIQUE DES PLANCHES DE CONCHYLIOLOGIE ET DE MALACOLOGIE.

(Le chiffre marque l'ordre de la planche.)

C.

O.



P.

## R.



## S.

www.ingramcontent.com/pod-product-compliance
Ingram Content Group UK Ltd.
Pitfield, Milton Keynes, MK11 3LW, UK
UKHW020216180726
13838UKWH00005B/2018

9 782329 355610